天气变变变

陈泰然　黄静雅——著

廖笃诚——绘

天气千变万化，
一年有四季哦！
这都是我们九个
"天气的主角"玩的把戏哩！
仔细瞧吧！

【目录】

天气真是变幻莫测，
你知道为什么会这样吗？
以下这12变，
你能答得出几个呢？

1变
春天为什么
总是风和日丽呢？
(10、11页)

2变
为什么会下
"春雨"、打"春雷"呢？
(12、13页)

3变
为什么会下"冰雹"、
刮"龙卷风"呢？
(14、15页)

4变
"梅雨"为什么
一直下不停呢？
(18、19页)

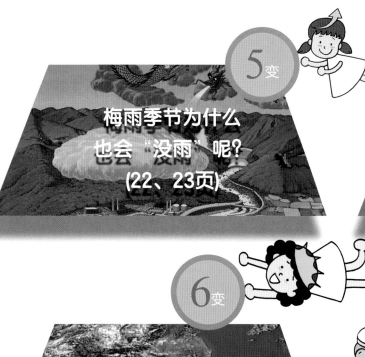

5变

梅雨季节为什么
也会"没雨"呢？

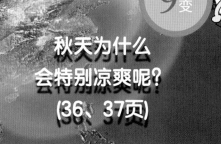

9变

秋天为什么
会特别凉爽呢？

6变

夏天为什么
会那么热呢？

10变

秋天为什么
会出现"秋老虎"呢？

7变

夏天为什么常会
有"午后雷阵雨"呢？

11变

冬天为什么
会有"寒潮"呢？

8变

夏天为什么
常会有"台风"呢？

12变

冬天为什么
会吹"偏北风"呢？

气象万千

夏天的白天总是出大太阳，过了中午却乌云密布，突然轰隆隆地打雷，来一场令人措手不及的倾盆大雨。冬天，若遇上冬雨，就算穿上厚衣服仍让人冷得直打哆嗦，但有时候却可能艳阳高照，还有人只穿短袖呢！

天气千变万化，不可捉摸，宝岛台湾更是气象万千。这是因为台湾不但在地球上的地理位置独特，而且岛上有数条南北走向、高耸的大山脉形成屏障，于是造成天气的变化万千。

特色1　北回归线穿过

太阳直射地球北半球的范围，最北达北回归线，在此范围可获得的太阳热量最多。而北回归线正好穿过台湾的嘉义与花莲，因此将小小的台湾一分为二——北回归线以北属于温湿的"亚热带气候"，以南则属于高温的"热带气候"。

亚热带气候区
北回归线
北回归线标志
热带气候区

平均降水量最多：基隆附近的火烧寮，年平均降水量高达6700毫米。

平地最低温：台中，1963年1月27日，零下0.7℃。

平均降水量最少：澎湖，平均一年不到1000毫米。

特色2　海陆双重影响

台湾是一个海岛，西边与地球上最大的陆地——亚洲大陆仅隔台湾海峡，东边则是最大的海洋——太平洋，同时受陆地、海洋两方面的影响，这是台湾天气多变的原因之一。

山地最低温：玉山，1970年1月30日，零下18.4℃。

最高温：台东，1942年6月7日和1988年5月7日，高达39.7℃。

北纬30°

北纬23.5°

北回归

印度

中南半岛

天气和气候有何不同

"天气"指的是某地区短时间内的大气状态，例如今天最高气温33℃、相对湿度70%、晴转多云等。而"气候"指的则是某一地区长时期的平均天气状况，例如福建靠近北回归线，形成暖热湿润的亚热带海洋性季风气候。

特色3 山脉屏障

数条南北走向的山脉刚好贯穿岛中央，形成高大的屏障，不但阻挡了由北面吹刮而来的偏北风，同时也使偏南风无法吹到东北部，因而造成台湾北部和南部的气候差异。更重要的是，由东南方侵袭而来的台风，越过中央山脉后，威力已经减弱了一大半。

偏北风

台风

偏南风

北纬50°

亚洲大陆

朝鲜半岛

中国

台湾海峡

澎湖水道

大平洋

海

特色4 山脉高耸

台湾海拔超过2千米的高山众多，海拔越高，气候会越冷。平均每升高100米，气温就会下降0.6℃，因而台湾的气候从平地的热带，往上转变为亚热带、温带和亚寒带，呈现了气候的多样性。

玉山
3952米

亚寒带针叶林

3000米

阿里山
2484米

寒温带针叶林

中温带阔叶林

大屯山
1092米

暖温带阔叶林

1000米

亚热带阔叶林

将台湾的高山叠在地球北半球上，可对照出海拔高度与按纬度划分的气候带的关系。

5

天气的主角

　　天空这个大舞台，由太阳领军，带着极地大陆气团、热带海洋气团、蒙古—西伯利亚高压、西太平洋副热带高压、季风低压、偏北风、偏南风和锋面等演员，轮番上演各种不同的天气戏码，春、夏、秋、冬四季和梅雨季节、台风等都是它们的招牌好戏。

　　这9位演员各自主演着什么角色呢？不同的天气是由哪几位来演的呢？

　　现在，就请这些天气主角们登场亮相吧！

蒙古—西伯利亚高压：我和极地大陆气团是同乡，诞生于西伯利亚、蒙古地区上空，所以又叫作"西伯利亚高压"，偏北风就是我制造出来的。一年中除了夏天，其他季节都和我有关。

低

季风低压：我控制的范围可大了，从印度北部一直往东延伸到中国华南、中南半岛北部。我常在梅雨季节、夏天等戏码出现，和西太平洋副热带高压一起带来偏南风。

印度

中南半岛

太阳：地球所需要的热量都由我提供，所以我是控制天气的"幕后大黑手"。当地球绕着我公转时，会接收到不同强度的阳光、热量，冷暖程度不一，便形成不同的季节。

热带海洋气团	蒙古—西伯利亚高压	西太平洋副热带高压	季风低压	偏北风	偏南风	锋面

偏北风：我来自北方，听命于蒙古—西伯利亚高压。蒙古—西伯利亚高压越强，我的风力就越强劲，把极地大陆气团里冷飕飕的干冷空气，一股股带到南方。在秋天和冬天，我简直是所向无敌、无人可挡，到了春天、梅雨季节威力也还是不小，一到夏天却威力大减，甚至消失得无影无踪。

极地大陆气团：我出生在寒冷的西伯利亚、蒙古上空，冷而干燥是我的特性。我最怕太阳，热量越多，我干冷的威力就越施展不开，所以冬天是我称霸的时刻，"秋冬变冷"就是我主演的戏码。我的对手是热带海洋气团，我常在夏天被它打败。

锋面：我出生在不同气团之间，有"冷锋""暖锋""准静止锋"和"锢囚锋"4种。春天和梅雨季节，我是极地大陆气团和热带海洋气团形成的，但到了冬天，我又是两团不同温度的极地大陆气团造成的。只要我一上场，通常会下雨。

西太平洋副热带高压：看名字就知道我的出生地了——西太平洋上空。我最喜欢带着偏南风将热带海洋气团的湿暖空气带到各地，联手合演春天、梅雨季节、夏天、秋天等好戏，有时还会带来很特别的戏码——"台风"。

西伯利亚

蒙古

朝鲜半岛

日本

国

台湾海峡

热带海洋气团：和极地大陆气团相反，我的个性又温暖又潮湿，出生在太平洋海面上空。我最爱太阳，夏季在太阳热量的全力支持下，威力最大，所以我是夏天的主角。

偏南风：我来自南方，受命于西太平洋副热带高压和季风低压，将热带海洋气团里面的湿暖空气吹往中国，为中国带来丰富的雨量。可惜我只有在夏天才能取代偏北风的地位，秋冬季则显得软弱无力。

太平洋

菲律宾

一年四季

在所有控制天气的主角当中，太阳扮演着最重要、最关键的角色。因为地球绕着太阳公转，各地一年中所接收到的太阳热量有多有少，因而有了季节的变化，也控制了其他角色的势力消长。

一年分成了春、夏、秋、冬四季，这四季各有哪些特色呢？是由哪些主角担纲演出的呢？一起来看看吧！

11月

冬天从立冬（11月7日或8日）开始。到了冬至（12月21日或22日）这一天，太阳直射南半球南回归线，北半球白天全年最短。

春天

春天，太阳直射赤道附近，气温渐渐回暖，开始打春雷、下春雨，偶尔有冷锋过境，还可能会出现冰雹、龙卷风以及浓雾。

2月

春天从立春（2月4日或5日）开始。到了春分（3月20日或21日）这一天，太阳直射赤道，白天和夜晚一样长。

梅雨季节

在我国长江中下游地区，通常每年6、7月份会出现一段较长时间的阴雨天气，由于正是梅子的成熟季节，故称其为"梅雨"，这段时期被称为梅雨季节。由于梅雨季节空气湿度大，东西容易受潮霉烂，人们戏称"梅雨"为"霉雨"。

冬天

太阳直射南半球，北半球获得的热量少得可怜。

冬天刮着寒冷的偏北风，"冷锋过境"带来的冬雨以及寒潮来袭带来的低温如同家常便饭，平地常出现霜，山上可能下起雪。

锋面

偏北风

极地大陆气团

冬

秋

夏

北回归线
赤道
南回归线

秋天

秋天，太阳又直射赤道附近，我国接收到的热量大小适中，一般来说，秋天的气候凉爽宜人，但炎热的"秋老虎"却令人受不了。秋天和春天一样，天气让人难以捉摸。

蒙古—西伯利亚高压

西太平洋副热带高压

极地大陆气团

偏北风

8月 秋天从立秋（8月7日或8日）开始。到了秋分（9月23日或24日）这一天，太阳直射赤道，白天和夜晚一样长。

夏天

夏天，由于太阳直射北回归线附近，全国各地接收到的太阳热量较多，酷热不已，加上紫外线肆虐，人们只想躲在屋里避暑。

此外，夏天时常下午后雷阵雨，也是台风光临我国的密集时段。

季风低压

西太平洋副热带高压

偏南风

热带海洋气团

5月 夏天从立夏（5月5日或6日）开始。到了夏至（6月21日或22日）这一天，太阳直射北半球北回归线，北半球白天全年最长。

春暖花开

"一年之始在于春"，这时最明显的是天气变暖了，敏感的植物率先萌发新芽，"风和日丽、鸟语花香"正是春天最好的形容。不过，春天也有善变的一面——有时会一连下一两天的绵绵春雨，有时打起春雷，并带来阵阵雷阵雨。更严重的，还会出现浓雾、冰雹，甚至可怕的龙卷风。

谁是春天的主角

杜鹃花开为新年揭开序幕

为什么春天天气这么多变呢？主导春天天气的众多演员当中，谁会是"春天"这出戏的主角？现在就从高空来看这几位演员的演出——😊太阳、😐极地大陆气团、😎偏北风、😀蒙古—西伯利亚高压、😊热带海洋气团、😍偏南风、😆西太平洋副热带高压和😄锋面上场啦！

太阳：地球正好绕到太阳直射赤道附近的位置，位于北半球的我国接收了大量的太阳热能，于是天气渐渐回暖。

北回归线
赤道
南回归线

春天从何时开始

每年的"立春"约在2月4日或5日，春天就从这一天开始。到了春分（3月20日或21日）这一天，太阳直射赤道，白天和夜晚一样长。

未食五月粽，寒衣不敢松

这是我国民间的谚语，形容春天的天气多变。由于端午节前，冷气团仍可能袭击我国，因此，在端午节吃粽子之前，还不能收起冬装。

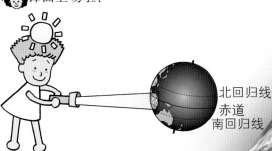

极地大陆气团：在太阳的照射下，来自北方寒冷 中国 的极地大陆气团势力逐渐减弱。它正是春天的主角。

印度

中南半岛

鸟语花香正是春天好时光

春天植物纷纷长出嫩绿的新芽

春天是最容易出现浓雾的季节

蒙古—西伯利亚高压：虽然中心离我国内陆很远，它的环流却可远达台湾附近，形成了所谓的"偏北风"。势力比冬天弱了一些。

蒙古

偏北风：极地大陆气团内所刮的偏北风，由冷冽的冬风，转成比较和缓的春风。

朝鲜半岛

日本

西太平洋副热带高压：从春天开始增强威力。

锋面：势力较强的极地大陆气团和势力较弱的热带海洋气团相碰，形成"冷锋"。当冷锋过境时，便造成春天善变的个性。

台湾 台北

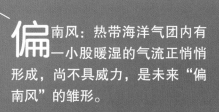

偏南风：热带海洋气团内有一小股暖湿的气流正悄悄形成，尚不具威力，是未来"偏南风"的雏形。

热带海洋气团：在极地大陆气团势力渐退的同时，南方的热带海洋气团得到太阳的热能，势力相对增强。

南海　　菲律宾　　　　　　　　　　　　　太平洋

11

春雨绵绵

春天，大部分是风和日丽的天气。

但是，当热带海洋气团和极地大陆气团相遇，形成冷锋时，天空便会出现薄薄的层状云，甚至一大团的积雨云，于是气温急速下降，开始下起绵绵春雨来。除了下春雨，有时还会打春雷、下雷阵雨，甚至来场暴雨，冷锋为春天带来多变的天气面貌。

由于干冷的极地大陆气团势力较大，会推动势力较小的热带海洋气团，所以才叫作"冷锋"。

正电荷

负电荷

积雨云

当热带海洋气团内的空气变得不稳定，就会产生对流，形成积云，甚至更大的"积雨云"。积雨云里可热闹了，春雷轰隆隆响个不停！

春雨的生命

由于热带海洋气团较弱，抵挡不住强势的极地大陆气团向前推进，因此形成的锋面移动较快。一个冷锋平均一两天过境，隔三四天后，又是另一个冷锋过境。因此，典型的春天天气往往是三四天晴天接着一两天的细雨霏霏。

热带海洋气团

雷阵雨

积雨云里的对流相当激烈，所以下的是一阵阵短促的倾盆大雨，由于常夹带打雷和闪电，又称"雷阵雨"。

惊蛰

每年3月初，通常会响起第一声春雷，把冬眠中的动物惊醒，这就是24节气中的"惊蛰"。

清明时节雨纷纷

春雨通常发生在3、4月之间，特别是清明节前后，"清明时节雨纷纷"成了这个时节最恰当的描述。

层状云

热带海洋气团较暖、较轻，于是沿着冷锋，爬升到较冷、较重的极地大陆气团上面，通常会在空中形成稳定的"层状云"，延伸范围可达100千米。

春雷

积雨云内聚集了大量正负电荷，一旦相遇，便会产生强大的电流，形成"闪电"。这股电流会把周围空气瞬间加热，空气因而膨胀、爆炸，产生的巨大声响，就是"春雷"。

冷锋

极地大陆气团

春雨

在层状云笼罩下，下的是绵绵春雨。

变脸的春天

可别以为春天永远是副温暖和煦的样子，变起脸来还挺可怕的。浓雾和罕见的龙卷风、冰雹都是春天可能会"变出来的脸"！

其实，这些可怕的"变脸天"，也会发生在其他季节，但以春天的比例最高。这是因为南方的热带海洋气团正逐渐北上施展威力，空气变得较不稳定，使得对流越来越激烈……

变脸1　浓雾

初春，当暖湿的热带海洋气团经过较冷的海面或地面时，空气中水汽含量会很快达到饱和，使水汽凝结成浓雾，蔓延范围可达数百千米之广。

浓雾内能见度低，往往造成高速公路发生连环车祸，或使得飞机无法顺利起降。

变脸2　龙卷风

在对流十分强烈的积雨云内，会形成低压中心，快速旋转的大旋涡便成了吸力极强的龙卷风。

在我国，龙卷风主要发生在华南、华东地区以及西沙群岛上。龙卷风持续时间不长，几分钟内便会消失，因此所经过的范围通常也不会太大。

变脸3　冰雹

积雨云内由于对流过于强烈，空气的上下循环非常快，降落中的冰晶还未完全融化便又被带上高空，使冰晶外圈的水再次凝固。几次循环下来，冰晶越来越大，最后终于掉落下来，便成了"冰雹"。

冰雹有的大如乒乓球，不但会打伤人，对农作物更会造成不小的伤害。

形成旋涡：由于龙卷风中心气压非常低，周围气流成逆时针方向快速旋转，形成漏斗状旋涡，将周围空气吸进去。

威力：由于旋涡速度非常快，产生强烈吸力，像吸尘器一样，几乎会将所到之处的所有东西都卷走，威力十分惊人。

江苏龙卷风发生频率全国最高

2016年6月23日，江苏盐城突发龙卷风特大自然灾害。相关统计表明，我国平均每年发生43个龙卷风，江苏以年均5.5次成为龙卷风发生频率全国最高的省份。

梅雨——霉雨！没雨？

通常6、7月，是春天、夏天的过渡期，正是我国长江中下游地区的"梅雨季节"，最大的特征就是雨下个不停！所以又被戏称为"霉雨季节"。

梅雨已形成一定的气候规律性，如果没有下梅雨，就会闹干旱；万一降水过多，又会引起水患。不论是哪种结果，都会形成灾害。

梅雨为我国带来重要的雨水

谁是梅雨季节的主角

春天过后，太阳越来越往北边直射，不但削弱了北方的极地大陆气团的势力，同时助长了南方的热带海洋气团的气势。到底谁是"梅雨季节"的主角呢？

原来，热带海洋气团和极地大陆气团势均力敌，形成了锋面，于是所有的演员通通坐上主角宝座，没有一位在一旁坐冷板凳……

梅雨锋面有多长

锋面往往从东海海面经过台湾北部，向西南延伸到华南一带，可长达数千千米，形成的云带可宽达700千米。这道锋面会逐渐往南移动，最后消失在台湾以南海面上。

入梅与出梅

梅雨开始和结束的时间，分别称为"入梅"（或"立梅"）和"出梅"（或"断梅"）。我国长江中下游地区，通常在每年6月中旬"入梅"，7月上旬"出梅"，历时20多天。

低

中

印度

季风低压：梅雨季节逐渐成形，和西太平洋副热带高压联手带出偏南风。

中南半岛

梅雨季节随时会下雨，大家都随身携带雨具

灰蒙蒙一片，是梅雨季节经常见到的天空景象

梅雨季节最常出现暴雨，淋成落汤鸡是常有的事

蒙古

蒙古—西伯利亚高压：比起春天，不论强度和范围都变小，因此所带来的偏北风也更弱了。

极地大陆气团：威力已不如春天来得威猛，失去掌控全局的优势，只能勉强抵挡热带海洋气团。

朝鲜半岛

偏北风：在蒙古—西伯利亚高压东南侧的极地大陆气团里，吹的是偏北风。

西太平洋副热带高压：不论是强度或范围，都比春天时更大。

台湾岛

锋面：当势均力敌的极地大陆气团和热带海洋气团一交汇，便形成几乎滞留不动的"梅雨锋面"。

热带海洋气团：势力大大增强，足以和极地大陆气团对抗了。

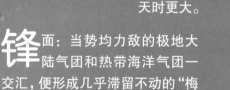

偏南风：在西太平洋副热带高压及季风低压的环流牵引下，热带海洋气团里吹的是偏南风。

太平洋

南海　　　菲律宾

17

霉雨

当极地大陆气团和热带海洋气团在长江中下游地区形成一道梅雨锋面时，该地区便进入梅雨季节。这段时间几乎都是绵绵细雨的天气，出门随时得带着雨具才行！雨淅沥沥下个不停，东西很容易发霉，这段时间便成了名副其实的"霉雨"季节。

梅雨为什么下不停呢？原来是冷、暖气团交汇之后，形成的"积雨云"和"层状云"在作祟！

因为热带海洋气团势力增强，极地大陆气团减弱、厚度变小，所以锋面和地面的交角变小，变得很平缓，形成的雨带可长达数千千米。

热带海洋气团

梅雨锋面

18

积雨云

梅雨季节的积雨云常常会好几团集结在一起,形成高耸巨大的对流云团,同样会出现打雷、闪电。梅雨季节的积雨云和春天常独立一团的积雨云很不相同。

层状云

热带海洋气团内温暖而湿润的空气,遇到寒冷而干燥的极地大陆气团阻挠,便会沿着梅雨锋面爬升。到了上空膨胀变冷,水汽就会凝结成云,形成一片绵延的层状云带,宽达 100 千米以上。

梅雨

当层状云中水滴够大时,便会下起梅雨来。每场梅雨会连续下个三四天。如果下一波梅雨紧接而来,甚至会连下十来天之久。

极地大陆气团

暴雨

梅雨带来的丰沛雨量，有时会下过量而形成"暴雨"，淹没田地、冲坏道路桥梁，造成严重的损失。暴雨被列为我国主要气象灾害之一。梅雨季节，发布"暴雨警报"便成了气象部门最重要的工作之一。

暴雨其实在任何季节都可能发生，但是在梅雨季节和台风天最容易形成。由于暴雨的成因很复杂，要准确预报暴雨发生的地点、时间、雨量等，对气象部分工作人员来说是很大的挑战。

要形成暴雨除了不稳定的大气、充足的水汽，还要有促使空气上升的因素，例如地形等。

洪水泛滥，淹没低洼地区的农田、房屋。

偏南风

1 丰沛水汽登陆

温暖而湿润的偏南风，带着丰沛的水汽。

④ 形成对流

被迫向上爬升的气流，非常不稳定，形成强烈的对流。

⑤ 凝聚成积雨云

上升的气流里，水汽凝结成水滴，同时在强烈的对流之下，水滴快速地变大，因而形成又厚又浓的黑色积雨云。

⑥ 下起暴雨

积雨云里面的雨滴越积越大，最后便在山坡迎风面哗啦啦地大量往下落，就是所谓的"暴雨"。在迎风面下过暴雨后，几乎耗尽气流中大部分的水流，当气流爬过山头到达背风面的时候，已经下不出雨来了。

③ 沿山脉爬升

受阻的气流被迫沿着山脉的斜坡向上爬升。

发生山崩，交通阻断。

泥石流淹没整个村庄。

② 受山脉阻挡

当偏南风往东北方向前进时，部分气流会受到高大的山脉阻挡。

没雨

梅雨并不是每年都会来的。要是来个"干梅"或"空梅"，常常会出现干旱灾害。干旱发生的季节往往与当地作物的生长发育季节相吻合，加重了农牧业灾情。

古时候如果碰上干旱，第一个想到的方法就是祈神求雨。因为民间传说，风、雨、雷、电，都各有专职神明在管理呢！而现代人则积极运用科学技术来"人工降雨"。可是，人类想要有老天呼风唤雨的能力，还有很多很多问题要克服呢！

人工降雨

空中虽然有云，可是云内的小水滴却无法凝聚成大水滴，掉不下来。这时科学家便用飞机将干冰或碘化银撒入云内，迫使小水滴快速变成冰晶。等冰晶长大后，便有可能掉落而化成雨水。

"人工降雨"的原理并不复杂，但是要找到含有适量水滴量的云，并算好注入的干冰或碘化银的量，却是件难事，因此目前人工降雨成功率并不大。

❶ 利用飞机将干冰或碘化银带入云中，在适当的高度撒下。

❷ 干冰或碘化银会使云中小水滴快速凝结，成为冰晶。

为什么会有空梅、干梅

当我国长江中下游地区被西太平洋副热带高压笼罩，极地大陆气团便无法南下和热带海洋气团交汇，自然无法形成梅雨锋面，更不会下梅雨了。这就是俗称的"空梅"。

若极地大陆气团仍然可以南下，但锋面数量少，也较干燥，就会导致梅雨季节雨量很少，俗称"干梅"。

家里的自来水源和工业用水受到限制。

极地大陆气团

西太平洋副热带高压

高

热带海洋气团

龙王

雷公　　云中君

电母

传说中掌管天气的神明

农业社会，天气对农作物产量影响非常大。于是民间传说里，便出现了许多掌管天气的神明，有"雷公""电母"，甚至还有管云的"云中君"，以及掌管下雨的"龙王"，人们希望通过祭祀，这些神明可以保佑地方"风调雨顺、五谷丰登"。

水库里的水位越来越低。

冰晶越结越大，最终卓落下来，再融化成水落到地面，便是"人工降雨"。

天干物燥，极容易引发森林火灾。

农作物无法灌溉，致使产量减少或休耕，造成严重的损失。

旱灾

旱灾是我国发生范围最广、频次高、持续时间最长的气象灾害。全国有四个旱灾多发地区，即华南、华北、西南和江淮地区，旱灾频率达30%以上。

夏日炎炎

出梅以后，就进入了夏季！各地都是酷热的天气，最高温度甚至高达40℃以上，热得人都懒散起来，真是"夏日炎炎正好眠"呢！

夏天的闷热，也常让人浑身不干爽，午后便期待老天下场清凉的"雷阵雨"。

在炎炎夏日中，要享受凉风就得到海边了。除了冰凉的海水，阵阵迎面而来的海风更能消暑！

在潺潺的溪边玩水乐趣无穷

谁是夏天的主角

是谁造成夏天如此炎热？"闷热""午后雷阵雨"又是由谁演出的？让我们从高空来看——这次登场的主角有 太阳、热带海洋气团、偏南风、西太平洋副热带高压、季风低压。咦？极地大陆气团、偏北风、蒙古—西伯利亚高压和锋面竟完全销声匿迹，彻底退出了这个舞台。

太阳：夏天时，太阳继续直射北半球，因此我国接收到的太阳热能达到全年最大量，各地温度节节升高，尤其 7、8 月，是一年中最热的时候。

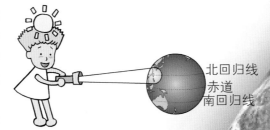

北回归线
赤道
南回归线

季风低压：不论是度、范围都达到最峰，常趁西太平洋副热高压势力减弱时，带来"后雷阵雨"。

印度

中南半岛

夏天从何时开始

夏天大致从"立夏"（5月5日或6日）这天起算。到了"夏至"（6月21日或22日）这一天，太阳直射北半球的北回归线，是我国全年白天最长的一天。

在沙滩享受阵阵海风真是夏天一大乐事

蝉声嘶鸣是典型的夏景

夏天在水里戏水可说是最棒的消暑方式

偏南风：热带海洋气团中的偏南风，到了夏天威力最强劲。其实它来自两股力量：一股来自太平洋，由西太平洋副热带高压控制，所带的水汽比较少；另一股来自南海，由季风低压操控，带来丰沛的水汽，潮湿、温暖、不稳定，造成夏天闷湿、午后雷阵雨的原因。

西太平洋副热带高压：一直存在太平洋上的高压中心，到了夏季，不论强度、范围都不断地增强与扩大。在高压笼罩下，空气无法爬升，云也无法形成，这便是造成夏日晴朗好天气的主要原因。

朝鲜半岛

日本

中国

台湾岛

热带海洋气团：受到太阳的帮助，势力增强，成为夏天的主角。

太平洋

南海

菲律宾

25

凉爽的海风

在闷热的夏天里，大部分是晴朗无云的天气。要享受舒服的"凉风"，就得往海边去了。

"海风"其实是陆地和海洋之间日夜温差的变化所造成的——白天由于陆地温度高于海面，空气由海面吹向陆地，便形成一股凉爽的海风。相反的，到了晚上，陆地散热快，温度较海面低，于是空气便从陆地吹向海面，形成"陆风"。

陆风

❹ 空气下沉

空气从陆地上空流向海洋上空，因为不断堆积，而使较冷、较重的空气，纷纷向海面下沉。

❶ 形成海风

陆地因为比热小，白天吸收太阳热量以后，温度很快升高，空气跟着变暖、变轻，使地面成为低压区。海面气压较高，空气便从高压区流向低压区，形成了"海风"。

❸ 高压流向低压

陆地的上空气压较高，海洋的上空气压较低，空气于是从高压区流向低压区。

高压笼罩

夏天在西太平洋副热带高压笼罩之下，气流下沉，空气变干。缺乏水汽的上空，自然就无法形成云，更不用说下雨了。因此一碰到"高压笼罩"，各地天气就将会是无云、无风的晴朗天气。

西太平洋副热带高压

❷ 热空气上升

较冷的空气从海上高压区吹到陆地低压区，迫使陆地上较暖、较轻的空气上升。

紫外线指数

太阳辐射中含有大量紫外线，地球靠着厚厚的大气臭氧层来抵挡它。近年来由于臭氧层被人类破坏，紫外线大量穿透大气层，因此造成罹患皮肤癌、白内障及免疫系统疾病的人越来越多。

气象部门在夏季会提供紫外线指数预报，提醒人们采取适当的防晒措施。

紫外线指数	0~2	3~4	5~6	7~9	10~15
曝晒级数	一级	二级	三级	四级	五级
晒伤时间			30分钟内	20分钟内	少于12分钟
建议的防护措施			帽子/遮阳伞+防晒霜+太阳镜+尽量待在阴凉处	帽子/遮阳伞+防晒霜+太阳镜+阴凉处+长袖衣物+早上10点至下午2点最好别外出	

午后雷阵雨

在夏天，经常是上午艳阳高照，过了中午开始闷热起来，接着便见乌云密布，不久就下起倾盆大雨来了。这就是夏天最容易发生的"午后雷阵雨"。午后雷阵雨下得急、去得也快，如果适时适量，正好消暑！

雷阵雨是怎么形成的呢？当强势的 西太平洋副热带高压往东偏移时，徘徊在南海上空的 热带海洋气团，一逮到机会便开始伺机北上，它里面的 偏南风，吹过海面，吸饱了温暖潮湿的水汽，就开始登陆。

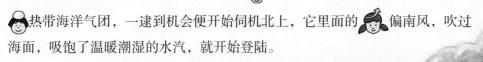

🕘 上午 9~10 点：形成海风

上午才开始吹起的海风，风力还很微弱，过了 9 点之后，由于太阳照射地面的热量增强，造成海洋和陆地之间的温差变大，海风便跟着增强。

🕛 中午：酝酿积雨云

到了中午，太阳热量不断增强，越来越强的海风，逼着暖湿空气往上升，水汽于是凝结成云。由于海风带来更多水汽，于是水汽越积越多，云便越来越大。

下午2~3点：下起雷阵雨

积雨云变成一大块，又黑又厚。湿热的空气，令人感觉闷热而不舒服。下午2点左右，海风风力达到最强，随着增强的海风，带来大量水汽，使得积雨云越来越大，水滴越结越大，最终哗啦啦地倾盆落下。由于常伴随打雷、闪电，因此被称为"午后雷阵雨"。

下午3~4点：恢复晴朗

雷阵雨通常会下半小时至1小时。到了下午三四点，太阳辐射降低了，海风跟着转弱，于是云里的对流也稍稍平静了下来。缺少海风补给水汽，云很快就散去，天气再度恢复晴朗。

29

谈台色变

一到夏天，台风便成了沿海地区人们最关心的气象主角。

"台风"是我们又爱又怕的天气——爱的是，它和梅雨一样能带来丰沛的降水，雨水若不够就会闹干旱；怕的是，台风的强风、暴雨总是造成惨重的灾情。每当气象部门发布台风警报时，台风登陆地区便进入紧张的戒备状态，随时防范台风可能带来的灾害。

台风暴雨冲刷出恐怖的泥石流

谁在控制台风

台风在夏、秋两季，尤其是7、8、9月最常光临我国。台风是远在太平洋上的"热带低气压"演变而来的。最初它只是一个微弱的低气压，经过充足的水分滋养，逐渐壮大成巨大的台风。强大台风一上台，只有西太平洋副热带高压有办法控制它，其他天气角色都得退闪一边去。

每个台风的寿命长短不一样，短的四五天，长的可达十几天。台风的一生，变幻莫测，以下就是1996年曾造成台湾重大灾情的"赫拔"台风戏剧性的一生！

中国

台风的强度怎么划分

台风的强度是以靠近台风中心的平均最大风速来计算的，划分为热带风暴、强热带风暴、台风、强台风和超强台风5级。

台风强度	近中心最大风速	
	米/秒	风级
热带风暴	17.2~24.4	8~9
强热带风暴	24.5~32.6	10~11
台风	32.7~41.4	12~13
强台风	41.5~50.9	14~15
超强台风	51.0以上	16以上

台风名字怎么来

台风命名表共有140个名字，分别由世界气象组织所属的亚太地区的11个成员国和3个地区提供，每个国家或地区提出10个名字。

台湾岛 台湾

8月1日

凌晨4点，赫拔开始从新竹附近离开台湾，进入台湾海峡北部，继续往西北偏西方向前进。到了晚上11点，对台湾威胁减弱。

7月31日

赫拔从台湾宜兰登陆，横扫全台湾。

7月29日

赫拔快速壮大，来势汹汹。上午刚刚发布海上台风警报，当天晚上，便紧接着发布陆上台风警报。

溪水暴涨的景象在台风来袭时屡见不鲜

暴雨酿成的水灾是台风登陆必有的灾情

大树在强风的吹袭下倒在地上

西太平洋副热带高压：在热带西太平洋生成的台风，形成之初因为受到西太平洋副热带高压环流的牵引，大都向西移动，之后到达台湾岛或菲律宾群岛附近时，路径就变化多端。受西太平洋副热带高压强度变化的影响，有的继续向西进行，有的转向西北、北或东北，甚至原地盘旋。

朝鲜半岛

日本

太平洋

7月27日
很快又增强为超强台风。

7月26日
海水为它补充大量水分后，威力增强为强台风。

7月24日
低气压变成热带风暴，取名"赫拔"。在西太平洋副热带高压南边顺时针方向移动的环流牵引下，向西前进。

诞生
7月中旬，在关岛东北方大约800千米的热带海面上，酝酿出一弱小的热带性低气压。

台风真面貌

台风的威力是怎么来的？为什么会带来强风和暴雨呢？
气象部门所播报的"风圈半径""台风眼"等名词指的
又是什么？想知道这些，必须先了解台风的结构。

一起来解剖台风，看看它的真面貌吧！看看它从诞生到消散，到底发生了什么
不可思议的变化。

台风一生的变化

❶ 诞生

刚开始只是出现在热带海洋的
"热带低气压"。高温的热带海面，
海水不断蒸发，在低气压内产生积雨
云，水汽凝结释放出来的能量，使得
低气压越来越强大。

❷ 台风形成

低气压越强大，对流就越强烈，
当中心附近风速达17.2米/秒时，就是
"台风"了。由热带风暴、强热带风
暴，再壮大成台风、强台风、超强台
风。也有些台风才形成就消失了。

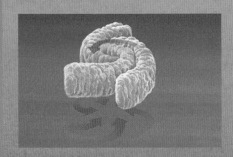

风圈半径：从台风眼向外一直到平均
风速15米/秒的范围，称为"风圈半
径"。赫拔台风的风圈半径宽达350
千米，中心最大风速超过60米/秒。

台风眼壁：台风眼外围称为"眼壁"，是
对流最强烈、云层最浓密的部位，可达
15~20千米厚，所带来的风雨也最大。

❸ 登陆

当台风中心（台风眼）从海洋移
到陆地时，就称为"台风登陆"。台
风登陆后，一方面由于陆地水汽较
少，无法提供增强台风的能量；另一
方面，陆地山脉多，增加了许多地面
摩擦力，损耗了不少台风的能量，所
以台风登陆后便逐渐减弱。

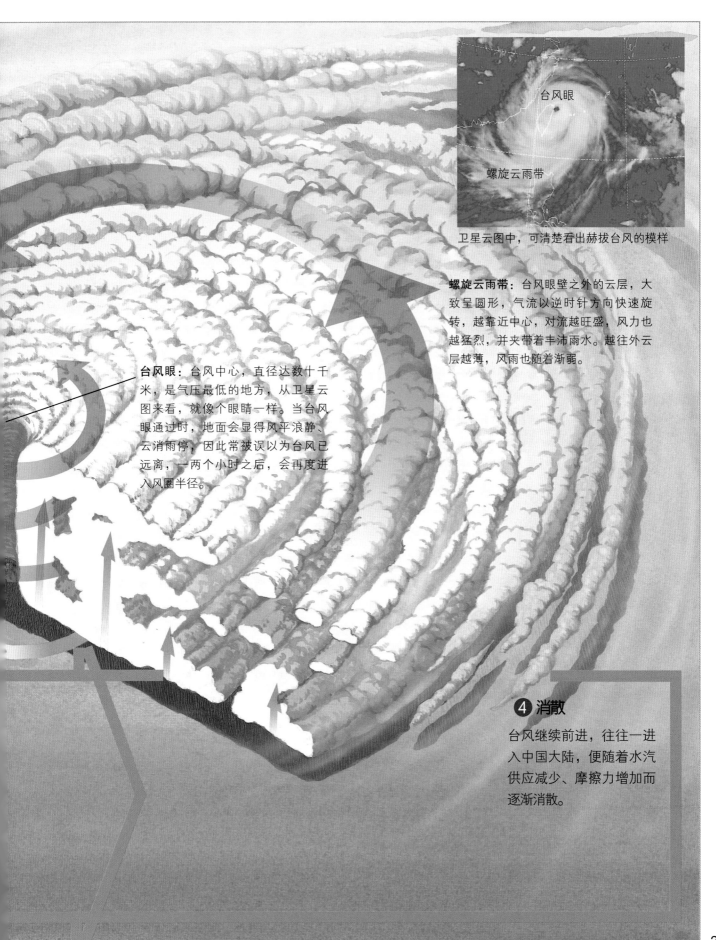

卫星云图中，可清楚看出赫拔台风的模样

螺旋云雨带：台风眼壁之外的云层，大致呈圆形，气流以逆时针方向快速旋转，越靠近中心，对流越旺盛，风力也越猛烈，并夹带着丰沛雨水。越往外云层越薄，风雨也随着渐弱。

台风眼：台风中心，直径达数十千米，是气压最低的地方，从卫星云图来看，就像个眼睛一样。当台风眼通过时，地面会显得风平浪静、云消雨停，因此常被误以为台风已远离，一两个小时之后，会再度进入风圈半径。

❹ 消散

台风继续前进，往往一进入中国大陆，便随着水汽供应减少、摩擦力增加而逐渐消散。

台风灾害

台风可说是我国南方沿海地区最严重的灾害天气，不论是风灾、水患，都令人谈台色变！

2016年第22号台风"海马"，于10月21日在广东汕尾登陆，登陆时中心附近最大风力14级，给广东带来狂风巨浪、特大暴雨。"海马"导致广东、福建、江苏3省189.9万人受灾。

巨浪

台风造成的巨浪可达10~20米高，足以掀翻海上船只。

海水倒灌

台风常导致沿海地区海水暴涨、倒灌，淹没沿岸鱼塘或渔村。

水患

台风夹带而来的暴雨，在短时间之内倾盆而下，使得低洼地区泛滥成灾。严重的还会引起山洪暴发，冲毁桥梁、道路、房屋。

风灾

强风吹倒农作物、行道树、电线杆、招牌，甚至建筑物。

山崩和泥石流

近年来山地过度开发，加上部分地区排水不畅，一经暴雨冲刷，山体就会崩落造成塌方，或大量泥沙随雨水下滑形成泥石流，淹没道路、房屋、农田，造成生命财产损失。

如何防抗台风

台风来之前，气象部门会密切注意台风动向，人们一接收到台风消息，就该做好预防准备，将灾害降至最低，并尽量不要外出，以免发生危险。

移走阳台外墙上的花盆，以免被强风刮走砸到人。

关闭门窗，并在玻璃上贴上胶带，以免玻璃被强风吹破以后，碎片刺伤人。

马上好广告招牌制作

● 检查煤气管道，防止煤气泄漏，引发火灾。

● 储存饮用水以防万一停水。

● 住在楼下或地势低洼处的人家，要及早转移到楼上或高处，才不会被洪水困住。

● 收听广播、收看电视，或上网随时注意台风动态。

● 准备蜡烛、手电筒，以备停电之需。

● 储存一两天食物，以防无法外出采购。

● 修剪树枝，以免树木被强风刮倒，砸伤人或砸坏房屋。

● 取下招牌、悬挂物，避免被风吹落伤人。

秋高气爽

告别炽热难耐的夏天以后，迎来了秋天凉爽宜人的天气，让人觉得格外舒适！天气日渐转凉，有些树叶也开始变黄、变红，平添几分秋色。

可是秋天有时会突然跑出"秋老虎"，热得仿佛夏天一般。干爽的秋天偶尔会下几场秋雨，清晨的露水也会增多。秋天的面貌还真是多样啊！

"秋收" 季节饱满的稻谷

谁是秋天的主角

秋天这个舞台会有哪些角色要登场呢？啊！休息了一个夏天的极地大陆气团、蒙古—西伯利亚高压和偏北风又重现江湖了，称霸一季的热带海洋气团一鞠躬下台了，偏南风、季风低压也一一随着消失，只留下威力减弱许多的西太平洋副热带高压，真是风水轮流转！

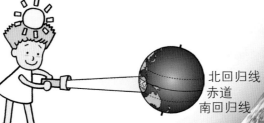

太阳：由于太阳开始直射赤道附近，北半球接收到的热量因而减少。

北回归线
赤道
南回归线

秋天从何时开始

每年8月7日或8日是"立秋"，代表秋天的开始。但这时的天气仍然较热，通常要到9月23日或24日"秋分"之后，天气才会明显转凉，我国南方部分地区常到10月才真正感受到秋天的凉意。

极地大陆气团：太阳照射地面的热量减少之后，又冷又干燥的极地大陆气团又开始活跃起来了，成了秋天天气的主角。

印度

中南半岛

中秋月饼必不可少

柚子是秋天的当令水果

河边随风飘摇的芒草带来浓厚的秋天气息

蒙古—西伯利亚高压：这个寒冷的高压，从秋天开始茁壮。

蒙古

朝鲜半岛

日本

中国

台湾岛

偏北风：蒙古—西伯利亚高压的环流带动干冷的极地大陆气团往南吹，使秋天的气温逐渐降低。

西太平洋副热带高压：威力虽然已减弱许多，但偶尔一发威，就带来了"秋老虎"。

南海

菲律宾

太平洋

37

多样的秋天

秋天凉爽宜人的天气，最适合登山、郊游，而刮起的秋风正适合放风筝呢！

"天凉好个秋""秋高气爽""秋老虎"这些都是形容秋天天气的词语，哪一个才是对的？哪一个才最具代表性呢？其实每一个都是对的，秋天天气面貌就是这么多样！

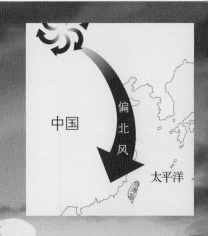

中国　偏北风　太平洋

▌ 面貌1　天凉好个秋

由北方来的极地大陆气团势力增强，刮起的偏北风带来冷空气，于是温度明显降低，凉爽宜人。

▌ 面貌2　秋高气爽

秋天，由北方吹过来的偏北风，主要经过陆地，因此所含的水汽较少，形成的云量自然跟着减少。没有云，天空自然就显得高，而干爽的空气也使人觉得舒适。"秋高气爽"因此成为大家对秋天的共同印象。

面貌3　秋老虎

初秋时分，西太平洋副热带高压仍有一些影响力。

在高压笼罩下，气流下沉，空气变干，不易形成云，因而下雨。无云遮蔽的天空，太阳直接照射，便显得特别干燥又炎热，人们常把这种回热天气称为"秋老虎"。

西太平洋副热带高压

面貌4　秋雨

9月以后，逐渐增强的偏北风，一路南下，经过海面吸收大量水汽，碰到山脉便往上爬升，一旦变冷便凝结成雨水降落。位于迎风面的地区，秋天经常是阴雨绵绵的天气。相对的，背风面则往往是晴朗干燥的天气。

偏北风

背风面

山脉

迎风面

面貌5　秋露

秋天天气越来越凉，日夜温差加大，夜晚气温急速下降，于是接近地面的空气，很容易达到饱和，使水汽在物体上（例如花瓣、树叶、汽车外壳、晒衣竹竿等）凝结，形成露水。

寒风飕飕

秋天转眼过去，11月开始轮到冬天登场了。

一提起冬天，脑海立刻浮现的是严寒、刺骨的"偏北风"。1月是全年最冷的时候，北方大部分地区都会下雪呢！

冬天最怕听到"冷锋过境""寒潮来袭"了，各地气温将降得更低，有些地区甚至会降到零下三四十摄氏度，严重损害农作物及养殖业。

盛产的橘子宣布了冬天的来临

谁是冬天的主角

冬天的"冷"是谁造成的？"冷锋"又是谁带来的？在这个舞台上，太阳的热力明显降低，秋天还偶尔露脸的西太平洋副热带高压已完全退出舞台。

极地大陆气团势力范围更大了，它成了这个季节的主角。而跟着季节苗壮的蒙古—西伯利亚高压成了极地大陆气团最得力的左右手，带来的偏北风，是冬天冷风的源头。夏天和秋天不见踪影的锋面，又开始活跃在舞台上了。

太阳：由于太阳直射南半球，北半球能接收到的热量是全年最低的。

北回归线
赤道
南回归线

中国

极地大陆气团：又冷又干的极地大陆气团，没有西太平洋副热带高压的阻挠，得以发挥最大的威力。

印度

中南半岛

南

冬天从何时开始

冬天大约是从"立冬"（11月7日或8日）开始的。到了"冬至"（12月21日或22日）这一天，太阳直射南半球的南回归线，我国各地白天是全年最短的一天。

高山上白茫茫的雪景美不胜收

火红的一品红是圣诞节的应景植物

结了厚霜的叶面透出浓浓的寒意

蒙古—西伯利亚高压：冬天的高压势力达到最高点。

H 蒙古

朝鲜半岛

日本

锋面：极地大陆气团一波波南下，如果下一波气团比这一波更冷、更强，那么，两波冷气团的交界，就会出现"冷锋"，带来冷冽的绵绵冬雨。

台湾岛

偏北风：高压环流带动出来的强劲、寒冷的"偏北风"，是冬天寒冷的主因之一。

太平洋

菲律宾

41

冷锋过境，寒潮来袭

冬天最怕听到的气象预报，莫过于"冷锋过境，寒潮来袭"了！因为这意味着天气会变得很冷，还会下起冷冽的"冬雨"，甚至"结霜"或"下雪"。

但是冷锋并不等于"寒潮"。寒潮指的是强冷的极地大陆气团，会使气温大幅度急速下降，于是平地或山坡可能结霜，山上则可能下起雪来。中国气象局规定的"寒潮"标准是气温在24小时内下降10℃以上，且最低气温在5℃以下。但是我国幅员辽阔，各地气候差异很大，南方一些地区虽然没有达到这一标准，也同样可以造成危害。因此，各地另外制定了发布寒潮的标准。

强冷极地大陆气团会将弱冷极地大陆气团向前推进，于是称作"冷锋"。因为强冷的极地大陆气团的势力大，厚度也大，所以冬天的冷锋和地面的交角较大。

弱冷极地大陆气团

冷锋

寒潮来袭

当蒙古—西伯利亚高压势力突然增强或迅速南移，促使极地大陆气团也快速南下，于是偏北风变得特别凛冽。极地大陆气团所到之处，气温会急速下降，并伴有大风、雨雪、霜冻等现象，有时还带来暴风雪、沙尘暴等恶劣天气。

雪

冷锋形成的云层有时很厚，上层气温降到 0℃以下，云内水滴就凝结成冰晶而飘起雪来，但在降落到地面之前，又融化成雨水，高山上较冷的地方才比较容易积雪。

寒害

伴随寒潮而来的强风和严寒，很容易冻伤农作物和冻死人工养殖的鱼类，引发"寒害"。寒害多发生在我国华南地区，寒害造成的强烈降温对华南地区的香蕉、荔枝、龙眼等经济作物危害严重。

层状云

弱冷极地大陆气团里的空气被强冷的极地大陆气团推挤，便顺着"冷锋"往上爬升，空气膨胀、变冷时，水汽便凝结成一大片的"层状云"。

强冷极地大陆气团

冬雨

层状云常会下起绵绵的冬雨。

霜

晴朗无云的夜晚，空气中水汽含量不多，使地面温度快速下降。地面温度如果下降到 0℃以下，地面上的空气达到饱和，水汽便会直接升华成冰晶，这就是"霜"。霜往往造成农作物的冻伤，特称为"霜害"。

偏北风的威力

冬季，我国盛行从亚欧大陆内部吹来的偏北风，寒冷干燥，加剧了我国北方的严寒，使南北温差加大。

势力强劲的偏北风，极易带来寒潮天气，使气温急剧下降。

我国东部地区地形以平原、丘陵为主，一旦偏北风南下，势如破竹，因此东部地区降温较快。当偏北风到达我国长江以南地区时，由于吸收了充足的水汽，会造成该地区大范围的雨雪天气。

偏北风南下形成寒潮

路线1　西北风

偏北风在我国华北地区，风向多是西北方向。我国华北地区靠近冷空气发源地，加之纬度相对较高，因而西北风势力强劲，天气严寒。

路线2　东北风

偏北风在我国华南地区，风向多是东北方向，这是因为西北风在向南行进的过程中，受地转偏向力影响，逐渐变为北风、东北风。在东南沿海地区，东北风容易在迎风面地区形成降雨，如台湾北部、海南东北部等。

蒙古—西伯利亚高压

锋面

偏北风

极地大陆气团

印度

中南半岛

南

雨雪天气造成了交通堵塞

人们将脸密密包住，以避免寒风吹刮

偏北风为台湾基隆带来200多天的雨天

朝鲜半岛

中国

偏北风：高压环流带动出来的强劲、寒冷的"偏北风"，是冬天寒冷的主因之一。

太平洋

风

风是从哪里来的呢？"风"其实就是空气的流动——空气由高气压区流往低气压区，于是就产生了"风"。

而随着季节的转换，风向会明显改变，这种风就叫作"季风"。我国秋冬两季，吹的大都是冷冽的☁偏北风。而春天呢？那令人极感舒服的春风，主要仍是偏北风，只是不再那么强劲了。到了梅雨季节和夏天，改吹👧偏南风，但风力微弱；若要享受清凉夏风，就得到海边去吹吹海风了。

这些风是怎么形成的呢？对照下图，一起来看看——

🚩偏南风

每年6~8月的梅雨季节和夏季，由"季风低压"和"西太平洋副热带高压"的环流汇合而成偏南风，带来一股股潮湿的暖风。偏南风指的是季节的大致风向，其实它有时是西南风，有时则是东南风。

海陆风和山谷风

夏天在海边或山区所吹的风称为"海风"（见第26页）、"山风"，都是因为海陆温差和地形的不同而出现的"局部风"。

其实这些局部风全年都在吹刮着，只是碰上秋、冬季节时，偏北风太强，使得局部风无法发展或不明显，而不容易感觉得到。

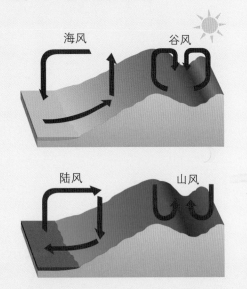

季风低压：四周暖空气会往低压中心汇集，因地球自转而形成逆时针方向的"低压环流"，同时向上汇聚成"上升气流"。带上去的水汽在高空会凝结成"云"，甚至形成"雨"，因此在低压笼罩下，天气通常阴湿多雨。

蒙古—西伯利亚高压：冷空气由高压中心向下汇聚成"下沉气流"，到了地面，因地球自转而向外形成顺时针方向流动的"高压环流"。因为高空干燥，而且空气下沉，变得更干，不易形成云。因此高压笼罩下，通常会是晴朗的好天气。

偏北风

偏北风的形成得靠"蒙古—西伯利亚高压"。每年的9月到次年4月，吹刮的都是它，只是强弱有所不同而已。

偏北风指的也是一个季节的大致风向，实际上它有时吹东北风，有时是西北风。

下沉气流
H
蒙古高压
高压环流

西伯利亚

西太平洋副热带高压：暖空气由高压中心上空，向下汇聚成了"下沉气流"。到了海面，因为受到地球自转的影响，向外形成顺时针方向流动的"高压环流"。

下沉气流
H
西太平洋副热带高压
高压环流

朝鲜半岛

日本

中国

偏北风：蒙古—西伯利亚高压的环流形成了"偏北风"。

台湾岛

偏南风：是由季风低压的环流和西太平洋副热带高压的环流，汇聚而成。

太平洋

菲律宾

47

水汽家族

海水、河水、湖水等液态水，经过太阳照射蒸发后，就会变成气态的"水汽"。不论是云或雨，都是空气中的水汽所变化出来的"天气现象"。其实水汽会变的花样可不只这两样，"雾""雪""霜""露""冰雹"，也都是水汽在不同环境下展现的面貌，这些天气现象便组成了多彩多姿的"水汽家族"。

云

云和雾同样是水汽凝结成的小水滴聚集而成的。不同的是，雾是水汽在地面附近凝结的，而云则是水汽到高空才凝结出来的。如果高空的温度够低，水滴甚至可以进一步凝结成"冰晶"。（见第 50 页）

雾

通常在地面附近形成，可以说是靠近地面的云。

当地面温度下降，附近的空气一达到饱和，水汽便会凝结成小水滴，飘浮在空气中，而形成"雾"。雾特别容易出现在春、秋的夜晚，等到太阳一出来，便会消散得无影无踪了。开车或登山的人，最怕突然起雾了！（见第 14 页）

雨

云里面的水滴或冰晶越来越大，无法继续飘浮在空中时，就有机会降落到地面，成为"雨"。雨可能是云里的水滴直接滴落下来，也有可能是冰晶在掉落过程中，融化成的水滴。（见第 52 页）

雪

当云中冰晶过重时，就会往下掉落。如果掉落过程中，四周温度一直都很低，冰晶不会融化，落到地面便成一片片"雪花"了。雪花的形状多样，有的像 6 片花瓣的花，有的像树枝，非常美丽。

我国华南以南地区很少下雪，只有冬天寒潮袭来的时候，高山上才会有雪的踪影。（见第43页）

冰雹

冰雹只会出现在对流非常强烈的云中。

本来往下掉的冰晶，碰上云内强烈的上升气流时，又会被往上送。如此上上下下好几回，冰晶外面便结了一层又一层的冰，直到长得太重了，上升气流推不上去了以后，它才能掉到地面，成为冰雹。（见第 15 页）

露

秋天的清晨最容易找到露的踪迹。在晴朗无云的秋天夜晚，空气干燥，地面十分容易散失热量，因此温度急速下降，地面空气很快便达到饱和，于是在花瓣、草木等表面凝结成小水滴，也就是"露"。（见第 39 页）

霜

霜和露一样，是地面表层的现象，最容易在冬天出现。冬天夜晚地面温度如果下降到 0℃以下，加上地面空气达到饱和时，水汽并不会凝结成水滴，而是直接升华成冰晶，也就是清晨见到的"霜"。（见第43页）

云

天气花万简

我们最容易感受到的天气变化，可能就是天空中的云了。天空因有云而有了丰富的表情，而云也是天空的气象预报员。只要你认得它，便可从中读出各种不同的天气变化。

云依照在空中的高度，大致可划分成"低云"（2000米以下）、"中云"（2000~8000米）、"高云"（6000~18000米）。接着，可以再依照不同的形状、颜色、会不会下雨等特征，来认识以下10种最常见的云。

卷云——

高度最高的高云，云里面全部是冰晶。形状像一些丝纤维，大多是白色或灰白色。

卷层云——

由冰晶组成的高云。外观像一层透明或乳白色的薄纱，即使太阳或月亮被它遮住了，仍然能看清它们的轮廓，并且产生日晕、月晕。

积雨云

从低云区往上发展到高云区的云，下部由水滴组成，上部则是冰晶。外观浓密、庞大，像是一座中高山，云顶雪白，云底非常阴暗。内部气流非常不稳定，所以容易下雷阵雨，甚至下冰雹，并且大多会伴随着打雷、闪电。

卷积云——

由冰晶组成的高云。白色，经常成片、成层，形状细小，像谷粒或涟漪。

高积云——

属于中云，主要由水滴组成，但最上层有一些冰晶。大多是由圆形或滚筒状的白色、灰色云块聚集而成。

高层云

属于中云，主要由水滴组成，但也可能含有一些冰晶。呈灰白色或灰色，均匀地平铺天空。像是毛玻璃，可以看得到太阳或月亮的位置，但看不清楚它们的轮廓。

积云

属于低云，主要是由水滴组成的云体，外形为一朵朵独立的云体。顶部向上凸起，颜色洁白鲜亮，底部比较平坦，颜色也比较暗沉。

层云

属于低云，全部是由水滴组成的，大致呈灰色，均匀，没有固定外形，看起来很像雾，可能会下毛毛雨。

雨层云

属于中云，主要由水滴组成，上层可能会出现冰晶。呈暗灰色，布满天空可完全遮住太阳和月亮，并且会下雨或下雪。

层积云

属于低云，几乎完全由水滴组成。云体通常呈灰白色，灰色，不像层云那么均匀，也不像积云那么独立，常呈带状分布。

51

雨

雨，千姿百态。绵绵细细的"春雨""冬雨"，下个不停的"梅雨"，霹雳啪啦突然下的"午后雷阵雨"，酿灾淹大水的"暴雨"，还有只在山脉迎风面才会有的"地形雨"。其中"春雨""冬雨""梅雨"等季节雨都是锋面造成的，而"午后雷阵雨""暴雨""地形雨"则是出现在局部地区的雨。

锋面带来的雨

当两团干湿、冷热不同的气团相遇，便会形成锋面。锋面一来，天气就会变得阴霾多雨。春天的"冷锋"、梅雨季节的"梅雨锋面"、冬天的"冷锋"，都会为我们带来不同形态的雨……

极地大陆气团

热带海洋气团

什么是气团

"气团"就是一大团性质相近的空气——来自同一个地方，温度、湿度都相近。两个冷暖、干湿程度不一样的气团碰在一起，形成的交界面就叫作"锋面"。

较暖、较轻的气团会沿着锋面爬到较冷、较重的气团上方。里面的水汽在上空大量凝结，于是形成"云"，也因为这样，在锋面影响之下，就会下雨。

强冷极地大陆气团

弱冷极地大陆气团

春雨

势力较强的极地大陆气团和较弱的热带海洋气团碰在一起，便出现"冷锋"。

热带海洋气团内的水汽凝结成层状云，于是下起绵绵"春雨"。有时也会形成积雨云，这时便可能下起"雷阵雨"或"暴雨"了。（见第12页）

积雨云

热带海洋气团

雷阵雨或暴雨——

梅雨

势均力敌的热带海洋气团和极地大陆气团僵持不下，于是形成近似滞留的"梅雨锋面"，开始漫长的"梅雨"季节。

往上爬升的热带海洋气团，常凝结成层状云，下起"梅雨"来。它也会形成积雨云，于是下起"雷阵雨"或"暴雨"。（见第18页）

积雨

热带海洋气团

雷阵雨或暴雨 —

冬雨

两团温度不同的极地大陆气团碰在一起，也会形成"冷锋"。

弱冷、较轻的一团，被迫往上爬升，形成层状云，于是下起绵绵"冬雨"。（见第42页）

弱冷极地大陆气

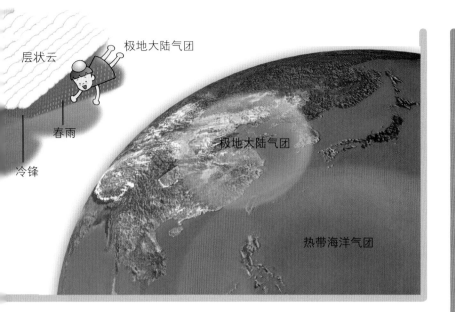

层状云
极地大陆气团
春雨
冷锋
极地大陆气团
热带海洋气团

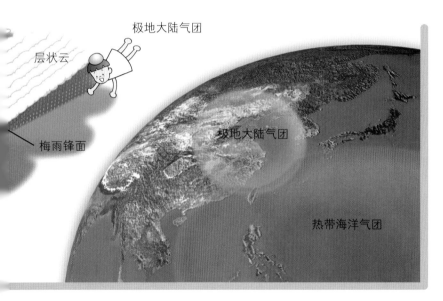

层状云
极地大陆气团
梅雨锋面
极地大陆气团
热带海洋气团

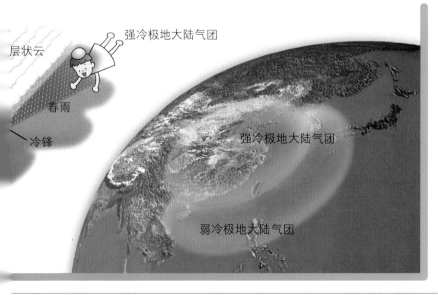

层状云
强冷极地大陆气团
春雨
冷锋
强冷极地大陆气团
弱冷极地大陆气团

局部地区的雨

有些雨只会下在局部地区，例如气流受到地形影响形成"地形雨"，热带海洋气团内部会产生"午后雷阵雨"……

地形雨

气流沿着地形的迎风面上升，在高空凝结成云，而下起"地形雨"。等到气流翻过山头到背风面时，它已经变干，因此不会带来雨水。

迎风面　背风面

午后雷阵雨

"阵雨"顾名思义，是突然下一阵倾盆大雨之后便消失，大多出现在夏天午后，是热带海洋气团内，因为剧烈的对流而产生的局部现象。（见第28页）

暴雨

"暴雨"的雨量经常大到酿成水灾，最常出现在梅雨季节和台风来临的时候。（见第20页）

梅雨季节最常出现暴雨，淋成落汤鸡是常有的事

观测老天爷脸色

包住地球的是一层薄薄的"大气层"，依温度的变化，由地面开始可分成"对流层""平流层""中间层""热层"和"散逸层"。而我们最关心的天气变化，则全部集中在最底部、最薄的"对流层"。

天气和我们的生活息息相关，因此"天气预报"就变得非常重要。为了掌握天气的变化，让预报更准确，科学家真是绞尽脑汁，从地面、海上到天空，布下天罗地网，希望将对流层的动向巨细靡遗地记录下来——不但在地面广设"观测站"、架设"雷达"，空中有"飞机""气球"，甚至海上还派出"观测船"。这样还不够，遥远的高空，还有"气象卫星"全面监视……

气象学家在做些什么

台风会怎么移动？为什么会下这么多雨？天气观测仪器搜集到的各种资料，到了气象学家的手中，便成了破解"天气为何千变万化"的最佳法宝，让他们能够描绘出天气的面貌，进而掌握老天爷"变脸"的预兆。

气象学家都有着很强的推理能力和丰富的想象力，大家分工合作，将风向、雨量、温度、湿度等片段、零碎的蛛丝马迹，整理成有用的信息——有的从事天气观测，有的擅长理论推导，有的利用电脑或实验来模拟天气的变化，有的专门分析、统计天气资料，有的则致力改进天气预报的准确度。

地面观测站

为了记录各地的天气变化，气象部门在通风良好的空旷地面广设观测站，观测站有多种观测设备和仪器，记录气压、温度、湿度、风向、风速、雨量、日照量等资料，同时也由观测人员定时用肉眼观测云量、能见度等。

海洋观测船

由于海上无法设置观测站，所以人们利用船只收集海上天气变化的资料。有时也会派出观测船，运用特殊的仪器进行观测或实验。

散逸层：气压极低，空气非常稀薄，一些气体会散逸到太空。

热层：气温会随高度一直往上升，最高温可达1200℃，所以叫"热层"，是大气层中温度最高的一层。

中间层：被夹在会大量吸收能量的两层中间，称为"中间层"。温度都在0℃以下，最低降到−95℃，是大气层中最冷的一层。

平流层：因为空气主要在水"平"方向"流"动而得名。空气很稳定，没有对流现象。"臭氧层"集中在这层，吸收许多紫外线。

对流层：因为"对流"在这一层内产生而得名。平均每上升1千米，气温约下降6.5℃。

散逸层

热层　600千米

中间层　80千米

平流层　50千米

对流层　10千米

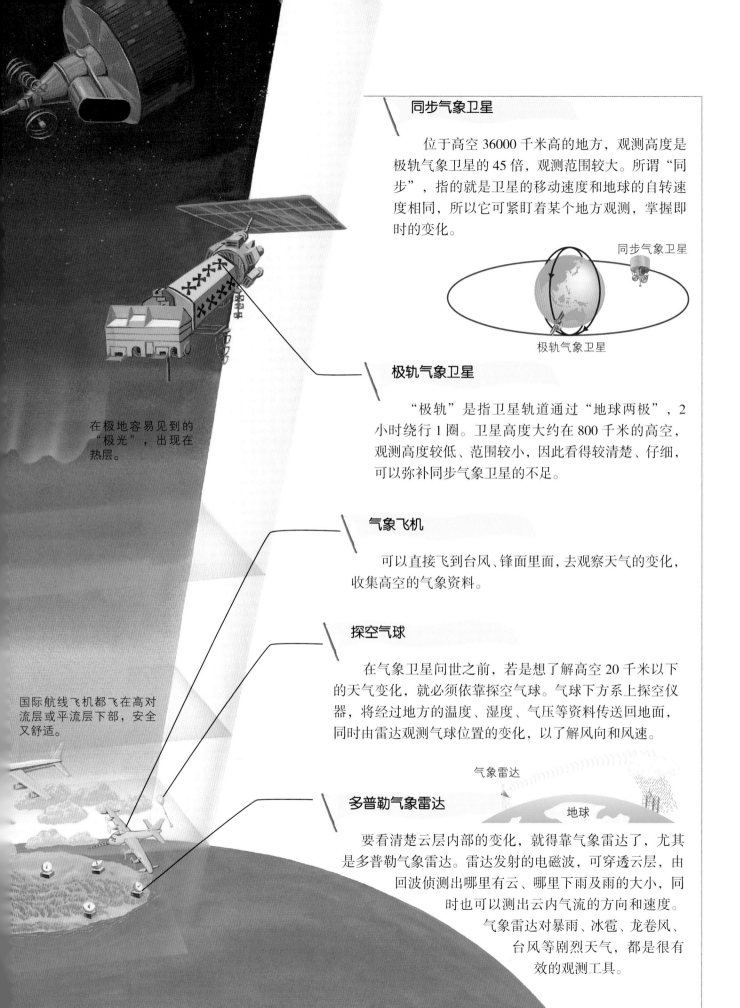

同步气象卫星

位于高空 36000 千米高的地方，观测高度是极轨气象卫星的 45 倍，观测范围较大。所谓"同步"，指的就是卫星的移动速度和地球的自转速度相同，所以它可紧盯着某个地方观测，掌握即时的变化。

同步气象卫星

极轨气象卫星

极轨气象卫星

"极轨"是指卫星轨道通过"地球两极"，2 小时绕行 1 圈。卫星高度大约在 800 千米的高空，观测高度较低、范围较小，因此看得较清楚、仔细，可以弥补同步气象卫星的不足。

气象飞机

可以直接飞到台风、锋面里面，去观察天气的变化，收集高空的气象资料。

探空气球

在气象卫星问世之前，若是想了解高空 20 千米以下的天气变化，就必须依靠探空气球。气球下方系上探空仪器，将经过地方的温度、湿度、气压等资料传送回地面，同时由雷达观测气球位置的变化，以了解风向和风速。

气象雷达

地球

多普勒气象雷达

要看清楚云层内部的变化，就得靠气象雷达了，尤其是多普勒气象雷达。雷达发射的电磁波，可穿透云层，由回波侦测出哪里有云、哪里下雨及雨的大小，同时也可以测出云内气流的方向和速度。气象雷达对暴雨、冰雹、龙卷风、台风等剧烈天气，都是很有效的观测工具。

在极地容易见到的"极光"，出现在热层。

国际航线飞机都飞在高对流层或平流层下部，安全又舒适。

天气预报员的一天

每天网络、电视、广播或报纸上的天气预报资料，都是由气象部门提供的。气象部门是如何做出这些天气预报呢？下面就让我们来了解下天气预报员的工作吧。

地面观测站　海洋观测船　气象雷达　接收气象卫星　探空

绘制地面气象图

预报员的故事

天气预报员一天工作的时间不但很长，而且也非常紧迫，分分秒秒松懈不得，为的就是提供准确的天气预报。要是遇上了台风，预报员还要成立台风预报小组，24小时随时掌握台风动态，真的非常辛苦。

气象图

可别小看这张图，天气预报员可是花费了好大的力气，才把众多天气观测的资料汇集起来，然后画在气象图上。根据不同时间的气象图，预报员才能解读出天气的变化，进而预测天气。也就是说，天气变化的秘密，就藏在这些一圈一圈类似等高线的图形里面呢！

我们最常见到的，是最简单的"地面气象图"，图上呈现出来的是地面上的天气情况，例如高气压、低气压中心的位置，锋面移动的方向，以及气压大小的分布等（等压线）。台风来袭时，还可明显看出台风的位置和大小。如果是较复杂的气象图，还可以看到不同地点的温度、风向、风速等资料。

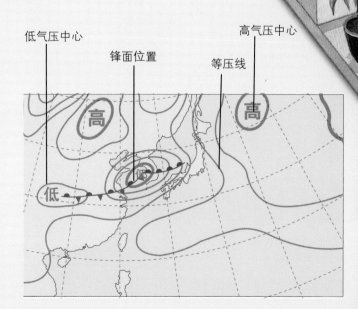

低气压中心　锋面位置　高气压中心　等压线

上午 8 点至 11 点

各地观测资料传回气象局信息中心。

 上午 11 点至 12 点

电脑中心资料处理完成，资料送至各预报员的个人电脑或工作站。

下午 1 点

各岗位预报员和上一班预报员交接，开始上班。

下午 1 点至 2 点半

各岗位预报员分析工作站中的最新天气资料，以及最新的地面观测资料，研判各种天气变化，并与主任预报员讨论。主任预报员综合各岗位预报结果，做出初步预报结论。

下午 2 点半

召开天气预报会商会，和经验丰富的预报人员一起分析、会商，以决定最后的预报结果。

下午 4 点半

通过电视、广播、报纸、网络、电话服务专线等，向公众发布未来几天的天气预报。

超级计算机

现在的天气预报，在短短数小时之内就可以完成，这完全得归功于"超级计算机"极快速的运算速度。以前，还没有超级计算机时，曾有人在1928年发动400人，花了3年的时间，才预测出24小时之后的天气呢。未来，随着电脑科技的日新月异，一定可以做出更迅速、正确的天气预报。

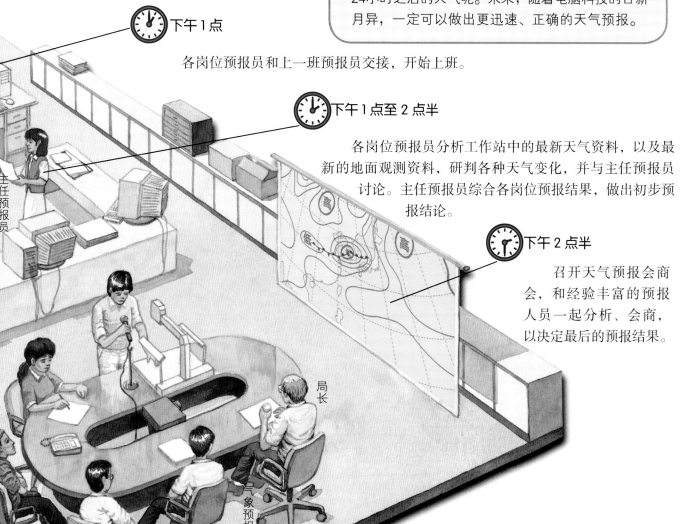

主任预报员

局长

气象预报负责人

天气观测站

要观测老天爷的脸色真不简单呀！

除了用科学仪器来收集天空的资料以外，还得靠很多人在各地记录地面天气的变化，记录得越多预测就会越准确！

想不想加入天气观测的行列？选一个不受建筑物阻挡、空气流通的地方，架设一个自己的观测站吧！将每天的天气状况记录下来，作成一周、一个月，甚至一年的统计，再配合本地气象部门的预报，你也可以自己发布小小社区的"天气预报"了！

温度计、湿度计

温度计、湿度计都放在百叶箱里面，记录温度和相对湿度的变化。气温越高，代表接收到的太阳热量越高。相对湿度越高，表示空气中水汽较多，也就越潮湿。

你也可以只用一支"干湿球温度计"，一方面以干球温度计测量温度，另一方面利用干球温度计和湿球温度计的温度差测量相对湿度——温度差越大，表示空气越干燥，温度差越小，空气越潮湿。

湿球温度计

干球温度计

气压计

"气压"代表空气的重量。"气压计"用来记录每天气压变化，通常放在室内，否则在阳光直射和风速的影响下，读数会不准。一般而言，气压较高，表示天气不错，要是气压变低了，天气可就要变坏了哦！

如果气压连续下降，表示有低气压接近；如果气压连续变高，表示有高气压接近。

气压计

百叶箱： 百叶箱通常架离地面1.5米高，四周漆成白色，以反射大部分的阳光，并且做成百叶窗，以保持内部通风良好。为了读出精确的数据，窗口朝北，以避免阳光直接曝晒，同时避免仪器表面被雨、霜、露附着。

温度计　湿度计

体感温度

夏天湿热的天气使人很不舒服，这是因为空气的相对湿度越高，汗越不容易蒸发，皮肤便会黏黏的。皮肤有汗，感觉到的温度会比实际气温高，叫作"体感温度"。例如实际气温30℃，相对湿度为50%，体感温度就会变成32℃；相对湿度若高达90%，体感温度就会高达41.1℃。

夏天的体感温度（℃）　气温（℃） ＼ 相对湿度（%）	50	60	70	80	90	100
24	24.0	24.6	25.2	25.7	26.3	26.9
26	26.4	27.0	28.4	28.9	29.9	31.3
28	29.1	29.9	31.6	32.9	34.8	37.3
30	32.0	33.3	35.3	37.9	41.1	
32	35.2	37.3	40.5	44.3	49.1	
34	39.5	42.8	47.5	53.2		
36	44.3	49.2	55.1			

相对湿度

把空气达到饱和的水汽含量当成100%，将相同温度空气中的水汽含量和它相比，得到的百分比就是"相对湿度"，例如相对湿度60%。

风向计、风速计

风可以用两种仪器来观测，一个是"风向计"，指示风吹来的方向；一个是"风速计"，显示风的强弱。风向计的箭头会随着风向转，箭头指的方向就是风向。风速计有 3 或 4 个杯状物固定在架子顶端，杯状物转动的速度越快，表示风速越大。标准的风向、风速计设置高度应为 10 米，一般可装设在铁架上，或设置于适当高度建筑物的屋顶。

风寒指数

冬天的体感温度会因风速增大而降低。因为风会让皮肤表面的汗水加速蒸发，当汗水蒸散时会吸收体表热量，同时风也会带走身上的热量，所以皮肤感觉到的温度会比实际气温更低。例如实际气温为12℃，风速为4米/秒时，体感温度约为6.5℃；若风速达14米/秒，则体感温度就会降至0.1℃。

冬天的体感温度(℃) 气温(℃) \ 风速(米/秒)	4	5	7	9	11	14	18	22
15	10.0	9.1	7.9	6.8	5.8	5.1	4.4	3.6
12	6.5	5.4	3.5	2.0	1.0	0.1	−0.7	−1.5
9	2.3	1.2	−0.9	−2.6	−3.9	−5.3	−6.3	−7.3
6	−1.2	−2.0	−4.9	−7.1	−9.1	−10.4	−11.5	−12.7
3	−5.1	−7.1	−9.4	−11.9	−13.9	−15.6	−17.1	−18.1

风速计
风向计

风速、风向

东风：风从东方吹来，风向计指向东方，烟囱排出的烟飘向西方。
无风：烟直直上升，风速计不动，风速0米/秒。
微风：树叶摇动不息，风速计慢慢旋转，风速3~5米/秒。
强风：撑不住伞，风速计转得很快，风速10~15米/秒。
狂风：树被吹倒，风速25~30米/秒。
暴风：重大灾害，风速30米/秒以上。

雨量计

雨量计

雨量可以用有刻度的量筒来测量，要注意的是，承接雨水的接口千万不能有其他东西遮挡，否则收集到的雨量就不准了。每隔一段固定的时间便倒出雨水，量一量雨下得多大。

"大雨""暴雨"有多大

根据我国气象部门的标准，如果1小时的雨量达到8.1~16毫米，而1天的雨量达到25~49.9毫米，称为"大雨"。如果1小时下的雨量超过16毫米，而且1天的雨量超过50毫米，就称为"暴雨"。

名词解释

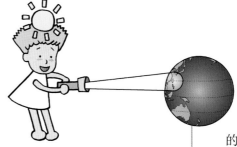

2画

人工降雨：在适当的天气条件下，利用人工的方法（种云）形成降雨。

入梅：我国南方地区梅雨季节开始时，称为入梅。

3画

大气层：覆盖于地（星）球外围的一层薄薄的气体，地球大气的主要成分为氮气和氧气。

山风：由山顶往山谷吹的风，通常在夜间形成。

干旱：通常指长期无雨或少雨，水分不足以满足人的生存和经济发展的气候现象。

4画

午后雷阵雨：夏季午后在局部地区常出现短暂降雨，有时还会夹带打雷和闪电。

天气预报：根据现有的气象观测资料，预测未来的天气变化，并通过媒体让公众知道。

水汽：空气中所含气体状态的水。

升华：气态水直接转变为固态水，或固态水直接变成气态水的过程。

风：空气由气压高的地方往气压低的地方流动，这种空气的流动就形成了风。

风向：风吹来的方向。

风速：风的强弱，用风的流动速度来表示。

风寒指数：冬天的体感温度会因风速增大而降低，称为风寒指数。

气流：流动的空气称作气流或风。

气团：形成于同一地区的一大团空气，具有相同温度、湿度。

气温：空气冷热的程度。

气压：指地表所承受的空气重量。

云：空气上升到高空变冷后达到饱和，水汽转变成水滴或冰晶，飘浮在空中，便形成云。

云量：天空中的云占整个天空面积的比例称为云量。

风圈半径：指从台风眼向外一直到平均风速15米/秒的范围。

5画

出梅：我国南方梅雨季节结束时，称为出梅。

打雷：闪电将周围的空气瞬间加热，因而膨胀爆炸所产生的巨大响声。

闪电：云与云之间或云与地面之间的正负电荷突破绝缘状态而产生的放电现象，会发出很强的电光。

对流：当大气不稳定，低层空气被举升后，可向上加速运动，这种现象就是对流。

台风：发生在热带海洋上的强烈低气压。

6画

西太平洋副热带高压：在西太平洋地区上空，全年都存在的永久性高气压。

冰晶：空气中的水汽凝结成固态的小冰粒，称为冰晶。

冰雹：当积雨云中的气流

台风强度：台风的强度以近中心附近平均最大风速为准，可分为热带风暴、强热带风暴、台风、强台风、超强台风。

台风眼：台风中心没有云而且没有风雨的地方就是台风眼，是台风内气压最低的地方。

台风登陆：台风中心（台风眼）从海上移动到达陆地时，称为台风登陆。

台风警报：当气象局发现台风可能来袭，便立即发布台风警报。根据台风的强度、影响时间和程度，将警报分为消息、警报和紧急警报。当台风在48小时内影响我国沿海地区或登陆时发布警报；当台风在24小时内影响我国沿海地区或登陆时发布紧急警报。

龙卷风：一种旋转速度非常快的空气涡旋，中心气压很低，威力惊人且极具破坏力，直径为数十到数百米。

上下剧烈翻腾，使云里的冰晶在降落的途中，上上下下来回地和其他冰晶或水滴相互碰撞集结，越长越大，便成了冰雹。

阵雨：指非连续性、比较短暂的雨。

7画

低气压：海平面上气压比周围低的区域，就是低气压。

冷气团：形成于极地附近的气团，温度较低。

冷锋：锋面移动时，若由较冷的气团推动较暖的气团，就是冷锋。

冷锋过境：指冷锋经过某一个地方。

谷风：由山谷往山顶吹的风，通常在白天形成。

陆风：晚上空气从较冷的陆地吹向较暖的海面，形成陆风。

极地大陆气团：发源于极地大陆上空的一大团冷空气。

体感温度：人体所感觉到的温度称为体感温度。因为相对湿度和风速的影响，它与实际气温并不一致。

迎风面：指山脉或地形正对着风吹来的一面。

8画

季风：随着季节的转换，风向会有很明显的改变，这种风就叫季风。

季风低压：夏天在印度北部向东到中国华南与中南半岛北部一带出现的低压区，称为季风低压。

空梅：若梅雨季节未下雨，就称为空梅。

雨：云里面的水滴或冰晶越长越大，无法继续飘浮在空中，便降落到地面形成雨。

雨量：某地区在某段时间内下雨的量。

饱和：当空气中所能容纳的水汽多到不能再多了，就称它为饱和。

环流：指气流分布的形式。

9画

相对湿度：空气中的水汽含量和同样温度的空气饱和时所含的水汽量相比，所得到的百分比称为相对湿度。

秋老虎：虽然已经是秋天，天气却又干燥又炎热，称为"秋老虎"。

秋雨：9月以后北方的冷空气南下时经过黄海、东海等海面，吸收了大量水气，常在迎风面地区造成阴雨的天气。

背风面：指山脉或地形背对着风吹来的一面。

10画

海风：白天空气从较冷的海面吹向较暖的陆地，形成海风。

能见度：人的眼睛在户外所能看见的最远距离。

臭氧层：大量的臭氧存在于平流层中，离地表15~20千米处，可以过滤掉太阳光中有害的紫外线。

高气压：海面上气压较周围高的区域，就是高气压。

热带低气压：在热带海洋上空形成的低气压，有些会发展成台风。

热带海洋气团：发源于热带海洋地区上空的一大团暖空气。

11画

偏南风：一般指由中国南海吹向中国大陆和台湾的暖湿空气。

偏北风：冬季由欧亚大陆吹来的风，寒冷而干燥。

梅雨：在中国长江中下游地区、台湾地区，以及日本、韩国等每年春末夏初常会连续下雨。由于这时正好是长江中下游一带梅子成熟的时期，所以称为"梅雨"。

梅雨季节：每年的6、7月是中国长江中下游地区的梅雨季节。

梅雨锋面：春末夏初偏北风减弱，偏南风增强，来自北方的冷干气团和来自南方的暖湿气团交汇，由于双方势均力敌，常形成近似滞留的梅雨锋面。

眼壁：台风眼的外围是台风云层最浓密而且风雨最大的地方，称为眼壁。

雪：当云里面的冰晶越长越大，无法继续飘浮在空中，便会向下掉落，若掉落到地面的过程中冰晶没有融化，便会形成雪。

12画

寒害：由于寒流来袭温度太低，常对农业和渔业造成损害，称为寒害。

寒潮：我国气象部门规定：冷空气侵入造成的降温，一天内达到10℃以上，而且最低气温在5℃以下，称为寒潮。

紫外线：太阳辐射中波长比紫色光短，但比X光长的部分，对生物有害。

锋面：冷气团和暖气团碰在一起，因为性质不同，会在两者之间形成一个无形的交界面，这就是锋面。

湿度：指空气潮湿或干燥的程度。

13画

雷阵雨：旺盛的对流形成积雨云，常带来较剧烈的雨势和雷电，形成雷阵雨。

蒙古—西伯利亚高压：冬天在西伯利亚和蒙古地区上空形成的一大片高气压区，又称为"西伯利亚高压"。

雾：当地面温度下降，附近空气达饱和时水气便凝结成小水滴，飘浮在空中，这就是雾。

蒸发：液态水转变为气态水的过程。

16画

凝结：气态的水转变为液态水的过程。

融化：固态的冰吸热后变成液态水的过程。

17画

螺旋云雨带：台风中心外围的云雨带呈螺旋状，绕着台风中心旋转。

霜：夜晚地面温度下降使地面附近的空气达到饱和，冬天的时候若地面温度降到0℃以下，地表的水汽便可能会升华成霜。

21画

露：在晴朗无云的夜晚，由于地面温度下降使地面附近的空气达到饱和，空气中的水气便会凝结成小水珠附着在物体的表面，这就是露。

索引

作者、绘者简介

【作者简介】
陈泰然

　　1945 年出生于台中县大肚乡，美国纽约州立大学大气科学博士，现任教于台湾大学大气科学系。他一直从事本土与东亚及西太平洋区域性气象问题研究，已发表中、英文学术论文共 300 多篇。曾获台湾教育部门教授研究奖、教学特优教师奖等多项荣誉。近年来他也热心参与九年义务教育研发与中、小学师资培育工作。

【作者简介】
黄静雅

　　1967 年出生于台南市，台湾大学大气科学硕士，主修大气环境，毕业后即留校担任助教，曾赴美国加州大学洛杉矶分校大气科学研究所研习一年。她除了协助学院工作发展及从事研究之外，对于音乐词曲的创作也极具创意，曾出版个人音乐专辑《看月娘》，音乐合辑《办桌》《鹅妈妈出嫁》《台语创作艺术歌曲集》等，颇受好评，并曾制作主持广播电台儿童节目《绿色儿童乐园》。此次协助陈教授撰写本书，显现了她在不同专业领域的才华。

【绘者简介】
廖笃诚

　　1964 年出生于基隆雨港，毕业于二信高职美工科。基于对绘画的热爱，入伍前曾到高雄学习广告设计，退伍后至宏广卡通担任背景师。专心从事精细插画的工作，为台湾多家文化出版公司的报刊、图书绘制插画。

图书在版编目(CIP)数据

天气变变变 / 陈泰然，黄静雅著；廖笃诚绘 . —福
州：福建科学技术出版社，2017.10（2021.4 重印）
（我的自然生态图书馆）
ISBN 978-7-5335-5262-6

Ⅰ.①天… Ⅱ.①陈… ②黄… ③廖… Ⅲ.①天气 –
儿童读物 Ⅳ.① P44-49

中国版本图书馆 CIP 数据核字 (2017) 第 041080 号

书　　名	天气变变变	
	我的自然生态图书馆	
著　　者	陈泰然　黄静雅	
绘　　者	廖笃诚	
出版发行	海峡出版发行集团	
	福建科学技术出版社	
社　　址	福州市东水路76号（邮编350001）	
网　　址	www.fjstp.com	
经　　销	福建新华发行（集团）有限责任公司	
印　　刷	当纳利（广东）印务有限公司	
开　　本	889毫米×1194毫米　1/16	
印　　张	4	
图　　文	64码	
版　　次	2017年10月第1版	
印　　次	2021年4月第2次印刷	
书　　号	ISBN 978-7-5335-5262-6	
定　　价	45.00元	

书中如有印装质量问题，可直接向本社调换